Bibliografische Information der Deutschen Nationalbibliothek:

Die Deutsche Bibliothek verzeichnet diese Publikation in der Deutschen National-
bibliografie; detaillierte bibliografische Daten sind im Internet über http://dnb.d-
nb.de/ abrufbar.

Impressum:

Copyright © 2016 GRIN Verlag, Open Publishing GmbH
Druck und Bindung: Books on Demand GmbH, Norderstedt Germany
ISBN: 9783668246478

Joachim Schmidt, Wolfgang Bechmann

Nachgedacht II. Die Berechnung potentieller Energien und die Verwendung äußerer oder systemimmanenter Kräfte

Ideales Gas, Feder, geladene Teilchen und Gravitation

GRIN Verlag

Joachim Schmidt

Wolfgang Bechmann

Nachgedacht II

Die Berechnung potentieller Energien

(ideales Gas, Feder, geladene Teilchen, Gravitation)

Die Verwendung äußerer oder systemimmanenter Kräfte

Inhaltsverzeichnis

1. Einführung

Dies ist die 2. Veröffentlichung unter dem Label „Nachgedacht". Wie in der 1. Veröffentlichung zur Volumenarbeit setzen sich die Autoren wieder kritisch mit Sachverhalten auseinander, die in der Fachliteratur ungenügend oder missverständlich oder in sich widersprüchlich dargestellt sind.

In der Veröffentlichung zur Volumenarbeit haben wir empfohlen, bei der Ableitung der Differentialansätze zur Abhängigkeit der Arbeit von Einflußgrößen vom Skalarprodukt von Kraft und Weg auszugehen und zur Vermeidung von Vorzeichenfehlern sich an den vorgeschlagenen Algorithmus zu halten. Im vorliegenden Beitrag zeigen wir, dass sich die gleiche Prozedur auch für die Berechnung der Arbeit anderer Prozesse (Spannen einer Feder, elektrostatische Wechselwirkung, Hub eines Körpers) bestens eignet. Aus den Gleichungen für die reversible Verschiebungsarbeit ergeben sich die Gleichungen für die potentiellen Energien der betrachteten Systeme und zwar in jedem Falle mit dem korrekten bekannten Vorzeichen. Dies bestätigt unter anderem die Richtigkeit der eng mit Vorzeichenfragen verknüpften Schritte des Algorithmus.

Da wir nicht davon ausgehen können, dass die Arbeit zu „Nachgedacht I" bekannt ist, müssen wir nochmals die Definitionen und eine Vorzeichenkonvention besprechen, die die Basis des verwendeten Algorithmus bilden.

2. Definitionen und Konventionen

2.1 System und Umgebung

Es ist sinnvoll, die physikalischen oder physikalisch-chemischen Eigenschaften in einem willkürlich räumlich abgegrenzten Bereich der realen Welt zu untersuchen, welchen man als System bezeichnet. Außerhalb des Systems liegt die Umgebung [1, S.15].

In geschlossenen Systemen, die unseren Betrachtungen zugrunde liegen, ist Energieaustausch, aber kein Stoffaustausch mit der Umgebung möglich. Die Systeme, mit denen wir uns im vorliegenden Beitrag befassen wollen, sind ein ideales Gas (eingeschlossen in einem Gefäß mit beweglichem Stopfen bzw. Kolben), eine Feder, zwei geladene Teilchen bzw. ihre Ladungen und zwei durch Gravitation verknüpfte Körper.

2.2 Vorzeichenkonvention

In den Naturwissenschaften wird heute im allgemeinen die von Physikern und Chemikern verabredete Konvention befolgt: Von der Umgebung am System verrichtete Arbeit bzw. dem System zugeführte Energie wird positiv gewertet, die vom System an der Umgebung verrichtete Arbeit bzw. der Umgebung vom System zugeführte Energie hat ein negatives Vorzeichen. Bezüglich des Zugewinns bzw. des Verlustes betrachtet man die Änderung vom Standpunkt des Systems aus [1, S. 75].

2.3 Definition des Begriffes potentielle Energie

Potentielle Energie ist die Fähigkeit eines Systems, Arbeit zu verrichten. Diese Fähigkeit ist im Falle der geladenen Teilchen und der gravitativ verknüpften Massen von ihrer gegenseitigen Entfernung, also von ihrer Lage abhängig. Im Falle des Gases und der Feder ist sie durch deren innere Struktur gegeben.

Wir möchten zwischen relativer und absoluter potentieller Energie unterscheiden. In der Literatur wird der Begriff potentielle Energie meist im Sinne der relativen potentiellen Energie gebraucht. Das heißt, man setzt willkürlich die potentielle Energie in einer bestimmten Lage oder Struktur gleich Null und misst die Veränderung der Fähigkeit zur Arbeitsverrichtung infolge der Änderung von Lage oder Struktur. Daneben gibt es aber auch einen natürlich gegebenen Nullpunkt für die Fähigkeit zur Arbeitsverrichtung. Im Falle der gravitativ verbundenen Massen ist dieser gegeben, wenn die Massen unendlich weit voneinander entfernt sind.

Wir werden die bekannten Gleichungen für die potentiellen Energien ableiten, vor allem um die Nützlichkeit des empfohlenen Algorithmus zu belegen. Und in diesem Zusammenhang werden wir auf die natürlichen Nullpunkte der potentiellen Energien eingehen und sie berechnen.

2.4 Quasistatische Prozessführung, konservative Prozesse, Reversibilität, Dissipation

Wenn sich bei einem Prozess – im Modell - stets die wirkende und die entgegenwirkende Kraft in etwa die Waage halten, der Prozess also nahezu eine Folge von Gleichgewichtszuständen ist, bezeichnet man den Prozess als quasistatisch [2, S.304]. Ein quasistatischer Prozess ist gleichzeitig reversibel. Reversibilität bedeutet, dass das System nach einer Zustandsänderung wieder in den Ausgangszustand zurückgeführt werden kann, ohne dass von der Umgebung zusätzliche Arbeit verrichtet werden muss und in einem der beteiligten Körper eine dauernde Zustandsänderung zurückbleibt. Eine zweite Möglichkeit von Reversibilität – allerdings wieder nur im Modell - ergibt sich, wenn während des Prozesses nur potentielle in kinetische Energie und umgekehrt verwandelt wird, z.B. wenn eine vollkommen elastische Stahlkugel auf eine vollkommen elastische Stahlplatte fällt und dann in die alte Höhe zurückprallt. Einen solchen Prozess nennt man konservativ, weil die Arbeitsfähigkeit erhalten bleibt, also konserviert wird. Was im Modell angenommen werden kann, ist allerdings in der Realität nicht möglich, weil dissipative Arbeit wie Reibung und Deformationen unvermeidlich ist. Nur dadurch kommt die hüpfende Stahlkugel letztlich zur Ruhe und bleibt auf der Stahlplatte liegen. Häufig werden die Begriffe „quasistatisch" und „reversibel" synonym verwendet. Eigentlich sind die quasistatischen Prozesse aber eine Teilmenge der reversiblen Prozesse.

Wenn die wirkende Kraft merklich größer als die zu überwindende Kraft ist, verläuft der Prozess nichtquasistatisch. Auch die hüpfende Stahlkugel agiert nichtquasistatisch. Anstelle des korrekten Begriffes nichtquasistatisch wird ein solcher Prozess meist als irreversibel bezeichnet. Irreversibel wird der Prozess aber erst durch die Auswirkung der Dissipation, das heißt, z.B. durch die Umwandlung gerichteter kinetischer Energie des makroskopischen Körpers in statistisch auf die Moleküle, Ionen, usw. verteilte kinetische Energie, die bei isothermer Prozessführung als Wärme an die Umgebung abgegeben wird.

2.5 Verschiebungsarbeit, Beschleunigungsarbeit, Gesamtarbeit

Arbeit verrichtet ein Arbeiter im physikalischen Sinn, wenn er Kraft ausüben muss, um einen Körper gegen eine Kraft zu verschieben und (oder) den Körper zu beschleunigen.

Vom Verschieben spricht man, wenn die wirkende Kraft nur infinitesimal größer ist als die Gegenkraft, also der Prozess quasistatisch verläuft. Die Verschiebungsarbeit führt zum Anstieg der potentiellen Energie $\delta w = dE_{pot}$

des Körpers, an dem die Arbeit verrichtet wurde. Muss die auf einen Körper wirkende Kraft nur die Trägheitskraft des Körpers überwinden, weil eine besondere Gegenkraft fehlt, kommt es zur Beschleunigung.

Die Beschleunigungsarbeit führt zum Anstieg der kinetischen Energie $\delta w = dE_{kin}$. Ist bei der Bewegung eines Körpers über seine Trägheit hinaus eine besondere Kraft zu überwinden, aber ist die zu überwindende Kraft merklich kleiner als die wirkende Kraft, besteht der Arbeitsbetrag aus der Summe von Verschiebungs- und Beschleunigungsarbeit. Die Beschleunigungsarbeit ergibt sich dann aus dem Kraftüberschuss.

Ein Beispiel für Arbeit, welche sich aus Verschiebungs- und Beschleunigungsarbeit zusammensetzt, ist der Wurf nach oben. Die vom Werfer verrichtete Verschiebungs- und Beschleunigungsarbeit äußert sich am geworfenen Körper in seiner gewonnenen potentiellen Energie $m \cdot g \cdot \Delta h$ und seiner kinetischen Energie $m \cdot v^2 / 2$. Das bedeutet, hat der geworfene Körper noch nicht seine endgültige Höhe erreicht und sich die kinetische Energie noch nicht vollständig in potentielle Energie umgewandelt, muss ich beide Anteile in Rechnung stellen, um die Gesamtarbeit zu berechnen. Berücksichtige ich bei der Berechnung der Arbeit nur die gegen die Erdanziehung aufzuwendende Verschiebungsarbeit $m \cdot g \cdot \Delta h$, habe ich nur den Anteil berechnet, den ich auch beim quasistatischen reversiblen Anheben in Rechnung stelle, also den Anteil, der zur Erhöhung der potentiellen Energie führt. Wir haben in [3] diesen Zusammenhang als Reversibel-Share-Theorem bezeichnet.

2.6 Definition mechanischer Arbeit durch das Skalarprodukt von Kraft und Weg

Die Kompression eines Gases (Volumenarbeit), das Spannen einer Feder, das Auseinandertreiben zweier entgegengesetzt geladener Teilchen, die Vergrößerung der Entfernung zweier Massen sind Formen mechanischer Arbeit, die von außen zugeführt, die potentielle Energie des Systems erhöhen.

In den Lehrbüchern der Physik wird mechanische Arbeit durch die Gleichung Arbeit = Kraft·Weg definiert.

Und da zeigen sich die ersten Probleme: Wird berücksichtigt, dass die Kraft und der Weg Vektoren sind und durch Pfeile über dem Betragssymbol oder durch Fettdruck oder – wie früher – durch deutsche Frakturschrift besonders symbolisiert werden müssen!? Meint man die zu überwindende oder die wirkende Kraft? Ist dies relevant? Viele Ungereimtheiten vermeidet man, wenn man mechanische Arbeit mit dem Skalarprodukt von Kraft und Weg Gl. (1) definiert [4, S. 352], [5, S. 124], [6] :

$$\delta w = F_{ext} \cdot ds \cdot \cos \alpha \tag{1}$$

In dieser Gleichung ist δw eine infinitesimale Arbeitsmenge. F_{ext} ist der Betrag der Kraft, welche von außen auf das System einwirkt[1]. Das Differential ds ist der Betrag des Weges, den der Körper infolge der einwirkenden Kraft zurücklegt, und α ist der Winkel zwischen den Vektoren Kraft und Weg. Im Falle der Volumenarbeit tritt an die Stelle des Körpers die frei bewegliche Grenzfläche des Gases gegenüber dem frei beweglichen Kolben des Gefäßes, in welchem sich das Gas befindet. In den anderen Fällen werden die Körper durch ihre Massenschwerpunkte und die Ladungen durch ihre Mittelpunkte repräsentiert.

---

[1] Die verwendeten lateinischen Buchstaben ohne Fettdruck bezeichnen hier die Beträge von Vektoren

2.7 Definition des Begriffes „systemimmanente Kraft F_s"

Eine verschiebende Kraft kann anstelle von außen auch von Teilen des Systems ausgehen. Im Falle der Volumenarbeit sind die Verursacher der verschiebenden und beschleunigenden Kraft die auf die verschiebbare Kolbenwand prallenden Gasmoleküle. Im Falle einer gespannten Feder gehen die Kräfte von den aus dem Abstands-Gleichgewicht geratenen Atomen, Ionen oder Molekülen (je nach Material) aus. Bei der Gravitation geht die Kraft von den sich anziehenden Körpern und bei den Coulombschen Wechselwirkungen von den sich anziehenden bzw. abstoßenden Ladungen aus. Diese Kräfte sind Teil der inneren Kräfte der Systeme. Aber sie sind im Gegensatz zu anderen Teilen befähigt, Arbeit an der Umgebung zu verrichten. Um diese Besonderheit hervorzuheben, haben wir dieser Art von Kraft einen eigenen Namen gegeben und sie als systemimmanente Kraft F_s bezeichnet [6].

Wegen der Vorzeichenkonvention bezüglich des Energieaustauschs zwischen System und Umgebung (siehe 2.2) muss bei Verwendung von systemimmanenten Kräften das Skalarprodukt von Kraft und Weg ein negatives Vorzeichen erhalten. Es muss also gelten:

$$\delta w = - F_s \cdot ds \cdot cos\ \alpha \tag{2}$$

Wir haben Wikipedia, viele Lehrbücher der Physik und Physikalischen Chemie geprüft und in keinem Werk einen Verweis auf das negative Vorzeichen des Skalarprodukts bei Verwendung innerer bzw. systemimmanenter Kräfte gefunden. Wir werden beweisen, dass das negative Vorzeichen in Gl. (2) nötig ist.

Vom Skalarprodukt Gl.(1) oder Gl.(2) auszugehen und den von uns verwendeten Algorithmus einzuhalten, bringt viele didaktischen Vorteile:

- Die Vorzeichenkonvention und das negative Vorzeichen bei Verwendung der systemimmanenten Kraft werden beachtet, sobald es sich um verrichtete Arbeit handelt und werden nicht erst später eingeführt.

- Die Berechnung kommt ohne Vektoren aus, denn hinsichtlich des korrekten Umgangs mit Vektoren und deren Beträgen sind wir beim Lesen von wissenschaftlichen Texten immer wieder auf Nachlässigkeiten gestoßen.

- Für die Berechnung der Verschiebungsarbeit und der potentiellen Energien können wir die mit Beträgen formulierten Kraftgesetze verwenden.

- In der Literatur wird häufig dem Kraftvektor fälschlicherweise ein negativer Betrag zugewiesen, wenn man zum Ausdruck bringen will, dass der Weg der Kraft entgegen gerichtet ist. Beträge von Vektoren sind immer unabhängig von ihrer Richtung positiv. Sie entsprechen ja der Länge des Vektorpfeiles. Die Verwendung des Skalarprodukts lässt den benannten Fehler von vornherein vermeiden, denn die Richtungsbeziehung der Vektoren Kraft und Weg wird durch $cos\ \alpha$ erfasst.

- Die Beibehaltung oder der Wechsel von Vorzeichen in der Schrittfolge ist nachvollziehbar und bleibt nicht diffus.

2.8 Kraftgesetze, Vektoren und deren Beträge

Zur Berechnung der Verschiebungsarbeit und der potentiellen Energien benötigt man Kraftgesetze, die die Kraft in Abhängigkeit von Abstandsparametern (Höhe h, Entfernung r, Abstand x) beschreiben.

Diese Kraftgesetze können mit Vektoren oder mit deren Beträgen formuliert werden. Als Beispiel führen wir das Gravitationsgesetz an:

Formuliert mit Vektoren [Wikipedia, Stichwort Gravitationsgesetz[2]]:

$$F = G\, m_1\, m_2\, (r_2^2 - r_1^2)/|r_2^2 - r_1^2|^3 \; , \tag{3}$$

Formuliert mit den Beträgen der Vektoren:

$$F = G\, m_1\, m_2\, /\, r^2 \tag{4}$$

Weil die Formulierung des Kraftgesetzes mit den Beträgen einfacher ist, wird sie in der Literatur bevorzugt benutzt, wenn es um einfache Zusammenhänge geht. Auch wir werden die Formulierung der Kraftgesetze – wie oben angedeutet - mit den Beträgen verwenden.

3. Ableitung der Beziehungen zwischen den potentiellen Energien und den entsprechenden Abstandsparametern

3.1 Volumenarbeitspotential eines idealen Gases

Wie unter 2.5 beschrieben, erhöht man das Potential zur Verrichtung von Arbeit, indem man am System quasistatische Verschiebungsarbeit verrichtet. Im vorliegenden Fall ist das System ein ideales Gas, welches sich in einem Gefäß mit reibungsfrei verschiebbaren Kolben befindet. Gefäß und Kolben gehören zur Umgebung des Systems. Ein quasistatischer Verlauf ist möglich, wenn Gasdruck und Außendruck sich während des gesamten Prozesses nur infinitesimal unterscheiden. Ein ganz kleiner Unterschied von Kraft und Gegenkraft wird den Prozess in der einen oder in der anderen Richtung leiten.

Im Modell Abb. 1 kann quasistatische Prozessführung erreicht werden, indem mit einer stetig veränderlichen Hebelübersetzung die Gewichtskraft eines an einem Faden hängenden Körpers die systemimmanente Kraft des Gases nahezu kompensiert. Der Prozess kann dann beliebig langsam von statten gehen.

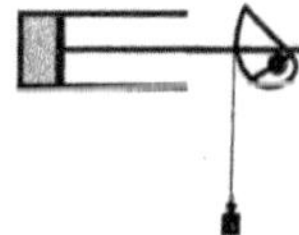

Abb.1 Apparatur zur quasistatischen Volumenänderung nach Pohl [2, S. 304].

Bei Expansion nimmt die Hebellänge stetig ab, bei Kompression nimmt sie zu [3].

---

[2] Die Vektoren haben wir anstelle mit Pfeil durch Fettdruck symbolisiert, die senkrechten Striche stehen für die Beträge der Vektoren. Die r symbolisieren die Ortsvektoren im kartesischen Koordinatensystem.

[3] Diese Apparatur scheint uns praxisnäher als das in der Literatur meist verwendete Modell eines aufrecht stehenden Gefäßes, bei dem auf dem Kolben Gewichte zugefügt oder weggenommen werden. Um quasistatischen Verlauf zu simulieren, müssten die Gewichte sehr klein sein. Die Lehrbücher von R.W. Pohl waren Klassiker der Physikliteratur und ragen besonders durch praxisorientierte Versuchsmodelle hervor.

Die vom Gas bei Expansion bzw. von der Umgebung bei Kompression verrichtete Arbeit ist umso größer, je größer der Druck und je größer die Volumenänderung ist. Dies führt unter Berücksichtigung der Vorzeichenkonvention (siehe 2.2) zu dem Differentialansatz [7]:

$$\delta w = -\, p \cdot dv\,.$$
(5)

Da es sich im Behälter um ein ideales Gas handeln soll, kann der Druck p durch nRT/v ersetzt werden, und für eine Volumenänderung von $v(1)$ zu $v(2)$ ergibt die Integration:

$$w = -\int_{v(1)}^{v(2)} p \cdot dv \;\; = -\,nRT \int_{v(1)}^{v(2)} d\,v/v$$

$$w = -\,nRT \cdot [\ln v(2) - \ln v(1)] = nRT \cdot ([\ln p(2) - \ln p(1)]$$
(6)

Verschiebungsarbeit führt immer zum Anstieg der potentiellen Energie $\delta w = dE_{pot.}$ des Körpers, an dem die Arbeit verrichtet wurde. Im Falle der Druck-Volumen-Änderung wird die Arbeit an der beweglichen Grenzfläche des Gases verrichtet. Die Ursache liegt aber im Inneren des Gases, an seinen Zustandsgrößen. Zwar vermeidet man in der Regel, den Begriff potentielle Energie im Zusammenhang mit dem Vermögen zur Verrichtung von Volumenarbeit, doch ohne Zweifel gibt es ein Potential zur Volumenarbeit. Wie erwähnt (siehe 2.3) möchten wir zwischen relativer und absoluter potentieller Energie unterscheiden. Um die relative potentielle Energie angeben zu können, benötigt man einen Bezugspunkt, dem man die potentielle Energie Null zuschreibt. Zieht man die Gl.(6) heran, um einen solchen Bezugspunkt festzulegen, könnte man diesen für nRT·ln 1 = 0 definieren, also für die jeweilige Stoffmenge und Temperatur beim Druck 1. Die relative potentielle Energie des Gases bezogen auf die Fähigkeit zur Volumenarbeit würde man dann aus nRT·ln (p/p^0) zu berechnen haben:

$$\Delta E_{pot} = nRT \cdot \ln\,(p/p^0)\ = nRT \cdot \ln\,(\{p\}/\{p^0\})^4$$

ΔE_{pot} ist die Änderung der potentiellen Energie beim Übergang vom Standarddruck p^0 zum Druck p bei der gegebenen Stoffmenge n und der gegebenen absoluten Temperatur T. Der Standarddruck ist 1 bar. Nach Zerlegung der Differenz in Minuend und Subtrahend ergibt sich:

$$E_{pot} - E_{pot}^{\ 0} = nRT \cdot \ln\,\{p\} - nRT \cdot \ln\,\{p^0\}$$
(7)

Die Drucksymbole stehen für die Zahlenwerte ohne Einheiten – was für das Logarithmieren wichtig ist.

Da der Bezugspunkt mit $\{p^0\} = 1$ die potentielle Energie Null ergibt, folgt als Beziehung für die absolute potentielle Energie eines idealen Gases bezogen auf die Fähigkeit zur Volumenarbeit:

$$E_{pot} = nRT \cdot \ln\,\{p\}$$
(8)

Interessant ist in diesem Zusammenhang, dass das chemische Potential von einem Mol eines idealen Gases z.B. von A in der Reaktion A $\rightarrow$ B durch die Gleichung $\mu_A = \mu_A^{\ 0} + RT \cdot \ln\,\{p_A\}$ definiert ist. Das bedeutet, dass die chemische Reaktionsfähigkeit zum einen von $\mu_A^{\ 0}$, dem chemischen Potential unter Standardbedingungen (beim Druck 1 bar) und zum anderen vom gegebenen Partialdruck p_A abhängig ist, wobei von $\mu_A^{\ 0}$ die strukturabhängigen Eigenschaften und vom Partialdruck der Einfluss auf die Reaktionsgeschwindigkeit der Hinreaktion erfasst wird.

---

[4] Die rechte Seite dieser Gleichung ergibt die Einheit Joule und bestätigt so, dass es sich um eine Energie handelt .
Die geschweifte Klammer um das Symbol einer Größe steht für den Zahlenwert dieser Größe, eine eckige Klammer für die Einheit: $p=\{p\}\cdot[p]$. In einem Gemisch repräsentiert p den Partialdruck.

3.2 Elektrostatische Wechselwirkung, Coulombsches Gesetz

Die Elektrostatische Wechselwirkung zweier geladener Teilchen wird durch das Coulombsche Gesetz beschrieben. Wenn wir es mit den Beträgen der Vektoren formulieren, lautet es:

$$F = \frac{k \cdot Q_1 \cdot Q_2}{r^2} \tag{9}$$

F ist der Betrag der Kraft, mit der sich die beiden Teilchen bzw. Ladungen abstoßen oder anziehen, also der Betrag der systemimmanenten Kraft F_s, aber auch der Betrag einer äußeren Kraft F_{ext}, die der systemeigenen Kraft entgegengerichtet ist und das System im durch r gegebenen Abstand hält. Q_1 und Q_2 sind die Beträge der Ladungen, also Skalare ohne Vorzeichen. Die Größe k ist eine vom Medium abhängige Konstante. Im Vakuum ist $k = 1/4\pi\varepsilon_0$, in einem anderen Medium ist $k = 1/4\pi\varepsilon$ (ε_0 und ε sind die elektrischen Feldkonstanten in den jeweiligen Medien).

Weil wir die Gleichung als eine Beziehung zwischen den Beträgen formulieren (vergl. Ausführung unter 2.8), müssen wir dem Coulombschen Gesetz ein positives Vorzeichen geben. Gerade hinsichtlich der Vorzeichengebung des Gesetzes gab es früher verschiedene Varianten. Es gab Autoren, die gaben dem Gesetz ein negatives Vorzeichen, andere bevorzugten ein ± und beriefen sich dabei auf die ursprüngliche Formulierung von Coulomb um 1785. Verursacht ist das Problem der Vorzeichengebung einmal durch die Frage, gebe ich die Ladungen im Gesetz mit ihren Vorzeichen an, also setze ich für die Ladung eines Elektrons oder eines Anions einen negativen Wert ein. Dann hat man, um zu einem positiven Betrag der Kraft zu kommen, dem Gesetz ein Minus vorangestellt. Oder es könnten Erwägungen im Spiel sein, die Richtungsbeziehungen zwischen Kraft und Abstandsänderung ausdrücken zu müssen. Doch diese Beziehungen spielen erst eine Rolle, wenn es um die Berechnung von Arbeit und potentieller Energie geht und werden dann durch cos α im Skalarprodukt von Kraft und Weg erfasst. Inzwischen ist es üblich, das Gesetz mit positivem Vorzeichen zu schreiben, was wir auch für richtig halten. Das bedingt, dass auch für negative Ladungen (z.B. bei Anionen oder einem Elektron) Q ohne negatives Vorzeichen verwendet wird. Wir wünschten, dass bei den Ausführungen zum Coulombschen Gesetz, die es in fast jedem Buch zur Physikalischen Chemie und in jedem Physikbuch zur Elektrizitätslehre gibt, mehr zur Frage der Vorzeichen Stellung genommen und dieses Problem nicht umgangen wird.

In der Physik wird meist (siehe Wikipedia, Stichwort: Coulombsches Gesetz) die eine Ladung als felderzeugend und die andere Ladung als betroffene betrachtet, auf die das Feld Kräfte ausübt. Das bedeutet letztlich, dass die eine Ladung das System und die andere Ladung die Umgebung verkörpert. Wir betrachten die beiden Ladungen als das System. Wir können auf das Modell eines Vektorfeldes und die Formulierung des Gesetzes mit Vektoren verzichten. Die Begriffe Feld und Feldlinien helfen bestimmte Probleme, z.B. des Elektromagnetismus, besser lösen zu können, aber wir benötigen diese Sicht nicht. Für unser Anliegen ist die obige Formulierung Gl.(9) mit Beträgen die passende, denn wir leiten die potentielle Energie des Systems mit Hilfe des ebenfalls mit Beträgen formulierten Skalarprodukts von Kraft und Weg ab.

Wir wollen nun den bereits in [7] vorgestellten Algorithmus nutzen, um zur Gleichung zu kommen, welche die Abhängigkeit der potentiellen Energie des Systems vom Abstand der geladenen Teilchen beschreibt. Dies gelingt z.B., indem wir die Arbeit berechnen, welche dem System von außen zugeführt werden muss, um zwei positive Ladungen einander zu nähern.

Wir verwenden zur Ableitung die systemimmanente Kraft F_s.

- Wegen der Verwendung von F_s gehen wir vom Skalarprodukt mit negativem Vorzeichen aus:

$$\delta w = -F_s \cdot ds \cdot \cos \alpha$$

- Bei gleichsinnigen Ladungen ist F_s eine abstoßende Kraft. Bei abstoßender Kraft und Annäherung sind die Vektoren Kraft und Weg einander entgegen gerichtet. Der Winkel α zwischen den Vektoren beträgt 180 Grad und $\cos \alpha$ ist gleich -1. Daraus folgt:

$$\delta w = +F_s \cdot ds$$

- Nach Einsetzen der Coulombschen Gleichung ergibt sich:

$$\delta w = +\frac{k \cdot Q_1 \cdot Q_2}{r^2} \cdot ds$$

Um die Gleichung integrieren zu können, müssen wir ds durch dr ersetzen. Weil bei Annäherung

der Ladungen sich der Abstand r verringert, haben wir ds durch - dr zu ersetzen:

$$\delta w = -\frac{k \cdot Q_1 \cdot Q_2}{r^2} \cdot dr$$

- Wir können nun die Gleichung innerhalb der Grenzen r_2 und r_1 integrieren und erhalten, wenn wir gleichzeitig berücksichtigen, dass die zugeführte Arbeit w mit einer Erhöhung der Potentiellen Energie einhergeht:

$$w = \Delta E_{pot} = +k \cdot Q_1 \cdot Q_2 \cdot \left(\frac{1}{r_2} - \frac{1}{r_1} \right) \tag{10}$$

Bei Annäherung ist $r_2 < r_1$, und die Differenz in der Klammer ist positiv. Die Gleichung spiegelt also richtig wider, dass bei Annäherung gleichsinniger Ladungen die Potentielle Energie des Systems zunimmt. Um den Nullpunkt der potentiellen Energie zu bestimmen, setzen wir $r_2 = \infty$ und für r_1 setzen wir ein beliebiges r:

$$E_{pot,\infty} - E_{pot,r} = +k \cdot Q_1 \cdot Q_2 \cdot \left(\frac{1}{r_\infty} - \frac{1}{r} \right) \tag{11}$$

Wenn wir in Gl.(11) $r = \infty$ setzen, müssen wir den Term k·Q_1·Q_2/r_∞ = 0 sinnvollerweise $E_{pot,\infty}$ zuordnen. Das bedeutet: Der natürliche Nullpunkt der potentielle Energie liegt bei einem unendlich großen Abstand der geladenen Teilchen, was auch plausibel ist.

Die Gleichung für den Absolutwert der Potentiellen Energie gleichsinnig geladener Teilchen folgt nach Einsetzen des natürlichen absoluten Nullpunkts in Gl.(11)

$$E_{pot} = k \cdot Q_1 \cdot Q_2 \cdot \left(\frac{1}{r}\right) \tag{12}$$

Hätten wir den obigen Algorithmus für entgegengesetzt geladene Teilchen ausgeführt, so hätten wir als Ergebnis eine zu (11) entsprechende Gleichung aber mit negativem Vorzeichen erhalten. Beim Einsetzen der Ladungsbeträge in diese Gleichung hätten wir richtigerweise für die Annäherung der Ladungen eine Abnahme der potentiellen Energie und eine negative potentielle Energie für den Abstand r berechnet.

Die korrekten Ergebnisse bestätigen die Richtigkeit unseres Ansatzes bezüglich des negativen Vorzeichens des Skalarprodukts von Kraft und Weg. Sie bestätigen auch das positive Vorzeichen des mit Beträgen formulierten Coulombschen Gesetzes und die Richtigkeit der einzelnen Schritte des verwendeten Algorithmus.

3.3 Spannen einer Feder, Hooke'sches Gesetz

Wir betrachten die Feder als System und wollen die Gleichung für die Potentielle Energie einer gespannten Feder berechnen.

Das Hooke'sche Gesetz verknüpft den Betrag der Kräfte, welche eine Feder im gespannten Zustand halten, mit dem Abstandsparameter x. Es gilt bei nicht zu großem x:

$$F = k \cdot x \quad {}^{5} \tag{13}$$

Das Gesetz beschreibt keinen Prozess, sondern den Zustand, in welchem die systemimmanente Kraft F_s und eine äußere Kraft F_{ext} (die auf die Feder einwirkt) sich die Waage halten. Die Kräfte sind gleich groß, aber aufeinander bezogen haben sie entgegengesetzte Vorzeichen. Die Beträge der Kräfte sind natürlich ebenfalls gleich groß, haben aber beide das gleiche Vorzeichen. Das bedeutet, in Gl.(13) kann F sowohl für den Betrag F_s der systemimmanenten Kraft als auch für den Betrag F_{ext} einer äußeren Kraft stehen. Die Abstandsgröße x ist die Differenz zwischen der Länge L der gespannten Feder und der Länge L_0 der entspannten Feder: $x = L - L_0$.

Wir berechnen nun die Verschiebungsarbeit und die potentielle Energie einer gespannten Feder und nutzen dabei den bereits in Abschnitt 3.2 verwendeten Algorithmus.

Unter 3.3.1 benutzen wir die systemimmanente Federkraft und unter 3.3.2 eine äußere Kraft. Wir wollen so unter anderem zeigen, dass im Hooke'schen Gesetz F sowohl den Betrag der systemimmanenten als auch den Betrag einer äußeren Kraft bedeuten kann.

3.3.1 Verwendung der systemimmanenten Kraft bei Streckung der Feder

- Weil wir die systemimmanente Kraft verwenden, starten wir mit dem Skalarprodukt Gl. (2):

$$\delta w = dE_{pot} = - F_s \cdot ds \cdot \cos \alpha$$

- Die systemimmanente Kraft und die Verschiebung haben entgegengesetzte Richtung, deshalb ist $\cos \alpha = -1$.

---

[5] Es ist zu vermuten, dass das Gesetz nicht von Hooke selbst, zumindest nicht in dieser Form formuliert worden ist. In Poggendorffs Geschichte der Physik [8, S. 558-570] wird der Engländer Robert Hooke (1635-1722) auf 12 Seiten als großer Experimentator beschrieben und als Konkurrent seiner Zeitgenossen Newton und Huygens, aber er soll kein großer Mathematiker gewesen sein.

Dies ergibt:

$$\delta w = dE_{\text{pot}} = F_s \cdot ds .$$

- Die Nutzung des Hooke`schen Gestzes Gl.(13) führt zu:

$$\delta w = dE_{\text{pot}} = k \cdot x \cdot ds .$$

- Zwecks Integration muss die Verschiebung ds durch die Änderung des Abstands x ersetzt werden. Beide haben die gleiche Richtung. Mit ds = dx folgt:

$$\delta w = dE_{\text{pot}} = k \cdot x \cdot dx .$$

- Die Integration in den Grenzen $E_{\text{pot,0}}$ und $E_{\text{pot,x}}$ bzw. $x = 0$ und $x = x$ ergibt:

$$w = E_{\text{pot.x}} = \frac{k \cdot x^2}{2} \tag{14}$$

Das Ergebnis bestätigt die Korrektheit der Schritte des Algorithmus und insbesondere das negative Vorzeichen des Skalarprodukts bei Verwendung von F_s und das positive Vorzeichen im Hooke`schen Gesetz bei Streckung der Feder.

Der natürliche Nullpunkt der Potentiellen Energie einer Feder ist verständlicherweise der entspannten Feder zuzuschreiben, also bei x = 0 gegeben, was auch aus der Gleichung (14) hervorgeht.

3.3.2 Verwendung einer äußeren Kraft bei Streckung der Feder

- Weil wir jetzt den Algorithmus mit der äußeren Kraft berechnen, starten wir mit dem Skalarprodukt mit positivem Vorzeichen Gl.(1)

$$\delta w = dE_{\text{pot}} = F_{ext} \cdot ds \cdot \cos \alpha .$$

- Beim Strecken der Feder sind Weg und äußere Kraft gleichgerichtet. Deshalb ist $\cos \alpha = 1$ und so folgt:

$$dE_{\text{pot}} = F_{ext} \cdot ds .$$

- Einsetzen des Hooke`schen Gesetzes für F_{ext} ergibt:

$$dE_{\text{pot}} = k \cdot x \cdot ds.$$

- Weil im Falle der Streckung der Feder ds = dx ist, folgt:

$$dE_{\text{pot}} = k \cdot x \cdot dx .$$

- Die Integration in den Grenzen $E_{\text{pot,0}}$ und $E_{\text{pot,x}}$ bzw. $x = 0$ und $x = x$ ergibt wieder

$$E_{\text{pot.x}} = \frac{k \cdot x^2}{2} .$$

3.3.3 Verwendung der systemimmanenten Kraft bei Stauchung der Feder

- Weil wir die systemimmanente Kraft gewählt haben, starten wir mit Gl.(2)

$$\delta w = dE_{\text{pot}} = - F_s \cdot ds \cdot \cos \alpha.$$

- Die systemimmanente Federkraft und ds haben bei Stauchung entgegengesetzte Richtung. Mit $\cos \alpha = -1$ folgt:

$$\delta w = dE_{\text{pot}} = F_s \cdot ds .$$

Wenn wir die äußere Kraft verwendet hätten, wäre $\cos \alpha = 1$ gewesen, und wir wären wegen der anderen Ausgangsgleichung (1) zum gleichen Ergebnis gekommen.

- Beim Einsetzen des Hooke`schen Gesetzes ergibt sich

$$\delta w = dE_{pot} = k{\cdot}x {\cdot}ds \ .$$

- *Im* Falle der Stauchung ist ds = - dx :

$$\delta w = dE_{pot} = - k{\cdot}x {\cdot}dx$$

- Die Integration in den Grenzen $E_{pot,0}$ und $E_{pot,x}$ bzw. $x = 0$ und $x = x$ ergibt:

$$E_{pot.x} = - \frac{k \cdot x^2}{2} \tag{15}$$

Hier ergibt sich ein Problem:

Weil auch bei Stauchung sich die Arbeitsfähigkeit der Feder erhöht, muss E_{pot} im Gegensatz zur Aussage von Gl.(15) in jedem Falle positiv sein.

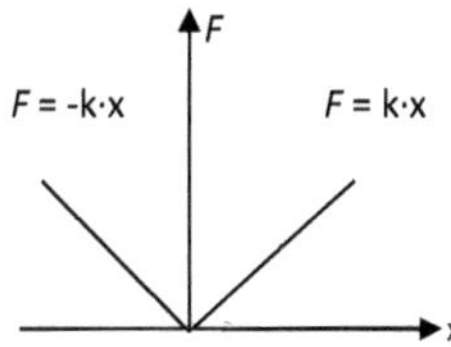

Abb. 2   Skizze zum Hooke'schen Gesetz

Der Betrag der Kraft F (F_{ext} oder F_s) ist sowohl bei Dehnung (L>L$_0$, x>0,) als auch bei Stauchung (L<L$_0$, x<0) positiv

Bei E_{pot} = - kx^2/2 geht dies nur, wenn k < 0 gesetzt wird. Das hat jedoch den Nachteil: Um von k zu den mit Kompressibilität verknüpften positiven Stoffkontanten zu kommen, ist nochmals ein Vorzeichenwechsel nötig. Eine Variante, diesen Nachteil zu umgehen, wäre im Falle einer Stauchung^

Die scheinbar naheliegendste Variante würde davon ausgehen, die Feder in ein kartesisches Koordinaten zu verlegen, und x als Betrag des Vektors **x** aufzufassen. Dies führt jedoch auch zu E_{pot} = - kx^2/2 und diesmal ist k < 0 keine mögliche Lösung, weil k < 0 in das Hooke`sche Gesetz Gl.(13) eingesetzt zu F < 0 führen würde, was wir ausschließen, denn die Beträge von Vektoren – hier der Kräfte, die eine Feder im gestauchten Zustand halten - sind definitionsgemäß positiv.

Außer den beiden Möglichkeiten, bei Stauchung entweder das Hooke`sche Gesetz mit einem negativen Vorzeichen anzusetzen oder k < 0 hinzunehmen, sehen wir keinen anderen Weg. Wir lassen uns jedoch gern belehren.

3.4 Hub einer Masse, Gravitation

Wir wollen die Arbeit berechnen, um einen Körper anzuheben. Das Anheben einer Masse ist ein typisch quasistatischer reversibler Vorgang, bei dem sich die systemimmanente Anziehungskraft und eine äußere Kraft nur infinitesimal unterscheiden.

Die Erde mit der Masse m_E und den Körper mit der Masse m betrachten wir – abweichend von der üblichen Behandlung, die den Körper als im Gravitationsfeld der Erde befindlich ansieht - als gleichwertig. Beide zusammen bilden das System.

3.4.1 Verwendung der systemimmanenten Kraft zu Berechnung der potentiellen Energie

Wir haben uns entschieden, die Hubarbeit mit der sytemimmanenten Kraft zu berechnen. Die Gravitationskraft wird meist als die anziehende systemimmanente Kraft angesehen. Wir hätten auch die äußere Kraft nehmen können, die in einem gegebenen Zustand der Gravitationskraft die Waage hält, und würden zum gleichen Ergebnis kommen.

Den Betrag der Gravitationskraft F in Abhängigkeit von den Massen gibt das Newtonsche Gravitationsgesetz wieder:

$$F = \frac{G \cdot m_E \cdot m}{r^2} \tag{16}$$

- Wenn wir F als Betrag der systemimmanenten Kraft F_s spezifizieren, müssen wir vom Skalarprodukt mit negativem Vorzeichen ausgehen:

  $$\delta w = - F_s \cdot ds \cdot \cos \alpha$$

- Die systemimmanente Kraft und Weg (Verschiebung) haben beim Hub die entgegengesetzte Richtung; $\cos \alpha$ ist gleich -1. Es folgt:

  $$\delta w = F_s \cdot ds$$

- Der Hub ds kann ohne Vorzeichenwechsel durch dr ersetzt werden, da sich beim Heben der Wegparameter s und der Abstandsparameter r gleichsinnig ändern. Damit erhält man:

  $$\delta w = F_s \cdot dr$$

  Das positive Vorzeichen entspricht der Vorzeichenkonvention. Wenn wir einen Körper gegen die Gravitationskraft anheben, verrichten wir am System Arbeit.

- Um die Potenzielle Energie zu berechnen, integrieren wir in den Grenzen von E_{pot1} und E_{pot2} bzw. r_1 und r_2

  $$\int_{E_{pot,1}}^{E_{pot,2}} dE_{pot} = \int_{r1}^{r2} \frac{G \cdot m \cdot m_E}{r^2} \cdot dr$$

  $$\Delta E_{pot} = - G \cdot m_1 \cdot m_E \cdot \left(\frac{1}{r_2} - \frac{1}{r_1} \right) \tag{17}$$

Aus Gleichung (17) folgt beim Hub der erwartete Anstieg der potenziellen Energie, denn beim Anheben ist $r_2 > r_1$. Der Klammerausdruck ist negativ und kompensiert das negative Vorzeichen der rechten Seite.

3.4.2 Die absolute potentielle Gravitationsenergie , die Energieerhaltung im Kosmos

Aufschlussreich ist die Berechnung der potenziellen Energie, wenn wir zwei Massen, z. B. zwei Himmelskörper unendlich weit voneinander entfernen.

Wir setzen dann $r_2 = r_\infty$ und für r_1 setzen wir ein beliebiges r

Das ergibt, wenn wir die Energieänderung dem End- und Anfangszustand zuordnen:

$$E_{pot,\infty} - E_{pot,r} = -G \cdot m_1 \cdot m_2 \cdot \left(\frac{1}{r_\infty} - \frac{1}{r} \right)$$

Da $1/r_\infty$ gleich 0 ist, ergibt sich $E_{pot,\infty}$ = 0 als natürlicher Nullpunkt der potentiellen Energie, also bei einem unendlich großer Abstand der Massen.

Die potentionelle Energie beim Abstand r ergibt sich dann zu:

$$E_{pot,r} = -G \cdot m_1 m_2 / r \tag{18}$$

Das bedeutet, die Gravitationsenergie zweier Himmelskörper im Abstand r ist negativ. Wenn man dies auf den Kosmos überträgt, ergibt sich die Aussage: Die potentielle Gravitationsenergie des Kosmos ist negativ.

Das ist sicher ein wichtiger Fakt, wenn es um das Problem geht, wie kann die große Menge an positiver Energie, die in der Materie steckt, kompensiert werden, so dass vom sogenannten Urknall an der Satz von der Erhaltung der Energie gewährleistet ist.

Dies wird deutlich in den Ausführungen von Stephen Hawking und Leonard Mlodinow in „Der große Entwurf" [9, S.176]. :

> „ *Wenn die Gesamtenergie des Universums immer null bleiben muss und es Energie kostet, einen Körper zu erschaffen, wie kann dann ein ganzes Universum aus dem Nichts hervorgebracht werden? Hier liegt der Grund, warum es eine Naturkraft wie die Gravitation geben muss. Da die Gravitation anziehend wirkt, ist Gravitationsenergie negativ: Wir müssen Arbeit leisten, um ein gravitativ gebundenes System wie die Erde und den Mond zu trennen. Diese negative Energie kann die zur Erzeugung von Materie erforderliche positive Energie aufwiegen…..*"

Der Inhalt dieser Aussage unterscheidet sich von unserer Aussage insofern, als Hawking und Mlodinow nicht den absoluten Wert der potentiellen Gravitationsenergie wie in Gl.(18) meinen, sondern ihre Aussage bezieht sich auf eine Energieänderung.

Anzumerken ist noch, dass die Kosmologen den Begriff Gravitationsenergie nur für den speziellen Fall der Bildung eines gebundenen Systems benutzen und mit diesem Begriff ebenfalls nicht einen absoluten Wert sondern eine Energieänderung beschreiben. Ein einstein-online-Autor drückte dies so aus:

> „Die Gravitationsenergie ist jene Energie, die beim Aufbau des gebundenen Systems (bei der Gravitation aus infinitesimalen Massebestandteilen) aufgewandt werden muss".

Eigentlich müsste es heißen: „ …frei gesetzt wird".

Festzuhalten ist, dass die Kosmologen den Begriff Gravitationsenergie auf eine Zustandsänderung im Kosmos und nicht auf den gegebenen Zustand beziehen. Sie verfahren hier ähnlich den Chemikern, die von Reaktionsenergie oder Verbrennungsenergie sprechen und damit nicht die Energie des chemischen Systems, sondern deren Änderung meinen.

Abschließend möchten wir feststellen, dass die Einlassung auf den Kosmos stets zu interessanten Fragen führt. Auf diesem Gebiet ist der Autor Laie. Doch die bei eigenem Nachdenken und beim Lesen populärwissenschaftlicher Literatur auftauchenden Fragen interessieren möglicherweise auch Andere und regen Fachwissenschaftler an, bei Vorträgen auf die beschriebenen Probleme – und seien es auch nur Scheinprobleme – näher einzugehen. Wir haben deshalb die Absicht, im Rahmen von „Nachgedacht" solche Fragen ausführlich zu erläutern und zu begründen.

4. Zusammenfassung

Beim Ableiten von Gleichungen, die bei reversiblen Prozessen der Berechnung der Arbeit und der Potentiellen Energie der Systeme dienen, sollte man folgenden Algorithmus einhalten:

1. Man entscheidet, ob man die Berechnung mit einer äußeren Kraft oder mit der systemimmanenten Kraft durchführen will.

2. Man startet mit dem Skalarprodukt von Kraft und Weg (Verschiebung). Wenn man sich für die Berechnung mit der systemimmanenten Kraft entschieden hat, ist das Skalarprodukt mit negativem Vorzeichen anzusetzen.

3. Man prüft, ob die Vektoren Kraft und Weg (Verschiebung) gleich oder einander entgegen gerichtet sind. Im ersten Fall ist $\cos \alpha = 1$. Im zweiten Fall ist $\cos \alpha = -1$.

4. Man setzt das Kraftgesetz ein.

5. Man prüft, ob die Verschiebung s und der Abstandsparameter (h oder r oder x) gleich oder einander entgegen gerichtet sind und ersetzt das Differential des Wegparameters durch das Differential des Abstandsparameters. Dabei wird ein gegebenenfalls notwendiger Vorzeichenwechsel berücksichtigt.

Wenn man diesen Algorithmus konsequent einhält, wird man stets ein Ergebnis mit richtigem Vorzeichen erhalten und damit den in der Literatur noch häufig anzutreffenden Wirrwarr vermeiden.

Literaturverzeichnis

[1] Bechmann, Wolfgang; Schmidt, Joachim: Einstieg in die Physikalische Chemie für Nebenfächler; Vieweg +Teubner – Verlag Wiesbaden 4. Auflage 2010

[2] Robert W. Pohl: Einführung in die Physik, 1. Band Mechanik, Akustik und Wärmelehre; Springer-Verlag Berlin, Göttingen, Heidelberg, 13. Auflage 1955,

[3] Joachim Schmidt: Die Arbeit bei irreversibler Druck-Volumen-Änderung, Varianten der Berechnung; Publikationsserver der Universität Potsdam, urn:nbn:de:kobv:517-opus4-74931

[4] Rita G. Lerner, George L. Trigg: Encyclopedia of Physics; VCH Publishers, Inc. New York, Weinheim, Cambridge, Basel, Second Edition 1991.

[5] Lexikon der Physik 1. Band; Spektrum Akademischer Verlag Heidelberg, Berlin 1998,

[6] Joachim Schmidt, Wolfgang Bechmann: Zur Anwendung des Skalarprodukts von Kraft und Weg auf reversible Prozesse (Druck-Volumen-Änderung, Dehnung, Elektrostatische Wechselwirkung, Hub). Die Verwendung äußerer oder systemimmanenter Kräfte; Publikationsserver der Universität Potsdam urn:nbn:de:kobv:517-opus-69732

[7] Joachim Schmidt: Nachgedacht I: Zur Volumenarbeit bei quasistatischer und bei nichtquasistatischer Prozessführung. Die Verwendung äußerer oder systemimmanenter Kräfte; GRIN-Verlag München 2016

[8] J. C. Poggendorff: Geschichte der Physik; Verlag von Johann Ambrosius Barth Leipzig 1879

[9] Stephan Hawking, Leonard Mlodinow: Der große Entwurf (aus dem Englischen von Hainer Kober) Rowohlt Taschenbuch Verlag   Reinbek bei Hamburg 2010